Bibliografische Information der Deutschen Nationalbibliothek:

Die Deutsche Bibliothek verzeichnet diese Publikation in der Deutschen National-
bibliografie; detaillierte bibliografische Daten sind im Internet über http://dnb.d-
nb.de/ abrufbar.

Impressum:

Copyright © 2016 GRIN Verlag, Open Publishing GmbH
Druck und Bindung: Books on Demand GmbH, Norderstedt Germany
ISBN: 9783668509429

Dieses Buch bei GRIN:

http://www.grin.com/de/e-book/373556/analyse-der-verkehrsinfrastruktur-von-new-
york-city-die-grenze-der-kapazitaet

Marc Dieckmann

Analyse der Verkehrsinfrastruktur von New York City. Die Grenze der Kapazität

GRIN Verlag

Ernst-Moritz-Arndt-Gymnasium

Facharbeit

Analyse der Verkehrsinfrastruktur von New York City

VerfasserIn: Marc Dieckmann

Abgabetermin: 10.03.2016

Inhaltsverzeichnis

1   Einleitung

Die Metropole New York City ist mit acht Millionen Einwohnern die Bevölkerungsreichste Stadt der Vereinigten Staaten. Es leben rund 10.800 Einwohner je Quadratkilometer (Stand: 2014) in New York City (wikipedia.de/New York City). Aufgrund dieser hohen Bevölkerungsdichte, ist es enorm wichtig eine gut ausgebaute Infrastruktur zu besitzen, die es ermöglicht schnell und sicher von A nach B zu kommen. Denn jeden Tag fahren vier Millionen Menschen alleine aus dem *Business District* von Manhattan (jede Station unter der 59th Street) mit der U-Bahn (Roses, 2003). Ohne ein zuverlässig funktionierendes Verkehrssystem, würde New York im Chaos versinken. Deshalb ist es umso wichtiger, dass das Verkehrsnetz sicher, schnell und effizient ist, um den Bürgern und Touristen ein reibungsloses Reisen innerhalb der Stadt zu ermöglichen: „Eine gut ausgebaute und leistungsfähige Infrastruktur zum schnellen Transport von Personen, Gütern und Informationen gilt als wesentliches Element eines hochentwickelten Wirtschaftssystems und als Wohlfahrtsindikator" (Hollbach-Gröming, 1997 S.113) Fortbewegungsmittel sind hauptsächlich der Öffentliche Personen Nahverkehr, wie Busse und U-Bahnen, aber auch Autos und Taxen. Betrieben wird der Nahverkehr durch das staatliche Unternehmen „MTA", welches für „Metropolitan Transportation Authority" steht (newyork-manhattan.info). Der Nahverkehr wird auch als „Blutstrom der Stadt" (Roses, 2003 S.2) bezeichnet, welches die Wichtigkeit und den fließenden Ablauf beschreibt. Das Verkehrsnetz New York Citys gehört nicht nur zu einem der Größten der Welt, sondern ist auch eines der Ältesten (wikipedia.de/New York City). 1904 begann der Bau der ersten U-Bahn Strecke in dem Stadtteil Manhattan und umfasst heutzutage ein Netz von 407,2 km mit 27 U-Bahn Linien und 476 Bahnhöfen (wikipedia.de/New York City).

Als ich im Oktober 2015 die Stadt New York besucht habe, war ich zunächst einmal überrascht, wie viel auf den Straßen und in den U-Bahnen los ist. Menschenmassen drückten sich in die U-Bahnen, auf den Straßen hörte man Lärm der Autos, sodass das Unterhalten schwerfiel, und Passanten schienen sich nicht um die Verkehrsregeln zu kümmern und liefen über die Straße wie es ihnen gerade passte. Es ließ also den Anschein erwecken, dass völliges Chaos auf den Straßen und U-Bahnen herrsche. Diese Erfahrung gab mir Anlass dazu, mich mit diesem Thema näher auseinanderzusetzen und zu klären, ob das New Yorker Verkehrssystem überhaupt ein System besitzt, und wenn ja, wie schnell, sicher, Kosteneffizient und umweltfreundlich es ist.

Im Lauf der Facharbeit, werde ich diese Faktoren anhand der gegeben Infrastruktur der Stadt, wie Straßen- und Nahverkehrsnetzen, analysieren und prüfen. Diese Faktoren spielen meiner Meinung bei dem Öffentlichen Personen Nahverkehr (ÖPNV) die entscheidenden Rollen, um beurteilen zu können, wie gut oder schlecht ein Verkehrssystem funktioniert.

2 Hauptteil

2.1 Schnelligkeit und Leistungsfähigkeit des Verkehrssystems

Um in New York City schnell von A nach B zu kommen, verzichten viele New Yorker darauf, ihr eigenes Auto zu nutzen (*„Around 48% of New Yorkers own cars, yet fewer than 30% use them to commute to work"* (wikipedia.org/Transportation in New York City)) und meiden die sowieso schon vollen Straßen der Innenstadt. Denn auf den Straßen herrscht gerade zu der sogenannten „Rush hour", die Zeit, an der die meisten Bürger der Stadt morgens zur Arbeit hin (zwischen 7 und 8 Uhr morgens) und wieder zurück (zwischen 17 und 18 Uhr), viel Betrieb in der Innenstadt. Auf einem durchschnittlichen *Freeway* ist für ca. 2000 Fahrzeuge die Stunde Platz, jedoch benutzen ihn ca. 3000 Fahrzeuge pro Stunde (vgl. Roses 2003). Dies verdeutlicht die immense Überlastung auf den Straßen. Diese Überbeanspruchung verursacht Staus und lange Wartezeiten. Aber nicht nur die Rush Hour ist dafür verantwortlich, dass „über 90% der Bürger" (Roses, 2003 S.2) bevorzugt mit Nahverkehrsmitteln fahren, sondern auch die teuren Parkgebühren. Parkgebühren von 15-20 $ pro Stunde sind Standard in der Stadt (newyork-manhattan.info).

Pendler, die aus den Vororten zum Arbeiten in die Stadt fahren, brauchen durchschnittlich 39 Minuten mit den öffentlichen Verkehrsmitteln, um an ihrem Arbeitsplatz anzukommen. Dies ist der höchste Durchschnittswert unter allen Großstädten der USA (newyork-manhattan.info).

Wohnt man beispielsweise im Zentrum Brooklyns und arbeitet im Zentrum Manhattans, so sollte man min. 40 Minuten für den Arbeitsweg Werktags einplanen, wenn man um 07:30 an der Haltestelle ankommen möchte (tripplaner.mta.info).

2.1.1 U-Bahn

Um im gesamten Stadtgebiet New Yorks schnell von A nach B zu gelangen, verläuft das Streckennetz der Subway durch alle Boroughs, ausgenommen des Stadtteils *Staten Island*, der somit nicht Teil des Streckennetzes ist (wikipedia.de/NewYorkCitySubway). Das U-Bahn System New Yorks besteht aus insgesamt vier Hauptverkehrsstrecken, die der Übersicht halber mit Farben gekennzeichnet sind. Folglich sind es die gelbe, rote, blaue und orange Linie die am Häufigsten genutzt werden. Aus diesem Grund fahren zu den Hauptverkehrszeiten „etwa alle drei bis fünf Minuten" (newyork-reisen.de) Züge in alle Richtungen. Durch diese hohe Taktierung soll erreicht werden, den Andrang der Reisenden an Stationen zügig zu regulieren und Überfüllung an den Bahnsteigen zu vermeiden. Des Weiteren werden die Fahrgäste zeitlich flexibler und haben keine lange Wartezeit bis der nächste Zug kommt. Außerhalb der Hauptverkehrszeiten beträgt die Taktierung vier bis zwölf Minuten. An Wochenenden fahren Züge im Abstand „zwischen sechs und 15 Minuten" (newyork-reisen.de).

Im Vergleich zu anderen Metro Systemen in Großstädten der USA, ist die NYC Subway die langsamste, gemessen an ihrer durchschnittlichen Geschwindigkeit. Mit einer Durchschnittsgeschwindigkeit von 17,4 mph ist sie nahezu doppelt so langsam wie die Metro in Baltimore, die mit einer Durchschnittsgeschwindigkeit von 31,5 mph fährt (greatergreaterwashington.org). Grund dafür ist vor allem, dass die Metro in Baltimore moderner und neuer ist. Die U-Bahn dort wurde erst 1983 in Betrieb genommen (wikipedia.de/BaltimoreMetro), d.h. ca. 80 Jahre später als die Metro in New York. Um den Verkehrsfluss zu beschleunigen, ohne dabei aber eine aufwendige Änderung der Infrastruktur vorzunehmen, die lange Baumaßnahmen erfordert, gibt es neben den normalen *Local* Zügen, die an jeden Haltestellen halten und somit langsamer vorankommen, die sogenannten Express Linien. Express Linien halten nicht an jeder Station, bedienen aber trotzdem wichtige Knotenpunkte (nyc-guide.de). Dies ist vor allem ein Vorteil für Reisende, die schnell an ihr Ziel kommen wollen, wie beispielsweise zum Stadtzentrum. Andererseits stellen die Express Linien eine Entlastung der *Local* Trains dar, da diese als Alternative verwendet werden können. Um schnell erkennen zu können, ob es sich um einen *Local Train* oder einem *Express Train* handelt, gibt es vor den U-Bahn Eingängen, und an dem Zug selbst, Hinweisschilder. Express Trains sind mit einer Raute um den entsprechenden Liniennamen gekennzeichnet, während *Local Trains* mit einem Kreis markiert werden (nyc-guide.de). Neben den Unterscheidungen zwischen den *Local* und den *Express Trains* wird außerdem zwischen den Direktionen *Uptown* und *Downtown* unterschieden. Dabei steht *Uptown* für die Direktion Norden (Queens) und *Downtown* für Süden (Brooklyn). Straßennamen, die sogenannten *Streets*, in *Manhatten* entsprechen einer Sortierung von Süd nach Nord, und die *Avenues* von Ost nach West(usa-reisetipps.net). So ist eine schnelle Orientierung möglich. Möchte man beispielsweise von der 14th Street zur 38th Street, so nimmt man die Subway Richtung *Uptown*.

Das Metrosystem New Yorks ist das verkehrsreichste, gemessen an der Anzahl der jährlichen Fahrgäste, der gesamten Vereinigten Staaten und der westlichen Welt. Im globalen Vergleich, ist es das siebt verkehrsreichste Metrosystem. Lediglich Peking, Seoul, Shanghai, Moskau, Tokio und Guangzhou besitzen ein noch verkehrsreicheres Verkehrsnetz (wikipedia.de/NewYorkCitySubway).

Die Dimensionen des Verkehrsnetzes werden deutlich, wenn man einen Blick auf die Beförderungsstatistik wirft: 2014 fuhren etwa 1,75 Mrd. Menschen mit der U-Bahn in New York. Das macht einen Schnitt von ca. 5,6 Mio. Fahrgästen täglich, die die U-Bahn an Werktagen (Mo.- Fr.) nutzen. Zusätzlich fahren ca. 5.9 Mio. Menschen an Wochenenden mit der U-Bahn. Ca. 3,2 Millionen samstags und 2,7 Millionen. Sonntags. Der höchste seit 1985 gemessene Wert an Fahrgästen, lag bei

6,1 Mio. Menschen die am 23. September 2014 mit der U-Bahn fuhren (wikipedia.de/New York City Subway).

Diese hohe Anzahl an Fahrgästen verursacht eine enorme Überlastung und Überfüllung der Züge. *„Downtown trains [..] are packed to 104%"* (Donohue, Ortiz, Mcshane, 2015). Dieses Zitat verdeutlicht, was für eine unmittelbare Enge in den Zügen herrscht, gerade zu den Rush Hour Zeiten. Eine leichte Verbesserung der jetzigen Verhältnisse kann durch Öffnungen neuer, entlastender Stationen herbeigeführt werden. So soll die Öffnung einer neuen Station für die Sec. Avenue für eine Entlastung der Lexington Ave. Station sorgen. Rund 200.000 Fahrgäste sollen diese Station dann nutzen. (Donohue, Ortiz, Mcshane, 2015).

Ursache für die Überfüllungen an Stationen und Zügen sollen laut Mitarbeitern der MTA eine gut funktionierende Wirtschaft, und dadurch eine niedrige Anzahl an Arbeitslosen, sein. Ein weiterer Faktor sei die rasant steigende Einwohnerzahl New Yorks (Donohue, Ortiz, Mcshane, 2015). Dies ist vor Allem problematisch, da es schwerfällt, neue Linien oder Stationen zu bauen, in einer so verkehrsreichen und dicht besiedelten Stadt, ohne ein Chaos durch große und langwierige Bauarbeiten zu verursachen.

Folgen der Überfüllung in den Zügen spüren nicht nur Pendler, die mit Verspätungen aufgrund der Überbeanspruchung zustande kommen (*„Transit officials acknowledge that overcrowding is the cause of 30% delays systemwide"*), sondern auch Schüler die zu spät zur Schule kommen: *"I have to deal with it every day.", "I get to school late because of it. Since school starts early ... it's bad for your grades."* (19 Jahre alte Schülerin, Senior in der Mary Hill Academy) (Donohue, Ortiz, Mcshane, 2015). Angesichts dieser enorm hohen Anzahl an täglichen Fahrgästen, ist es umso wichtiger, dass alles schnell und problemlos abläuft. Dabei ist vor allem das Ein- und Aussteigen in oder aus den Zügen zu betrachten. Dieser Prozess stellt den wohl zeitintesivesten Faktor dar. Denn ohne ein flüssiges Wechseln, kommt es schnell zu Verstopfungen oder Chaos. Allgemein, wie auch in Europa, gilt, dass Passagiere die aussteigen Vorrang haben, gegensätzliches Handeln wird meist als unhöflich empfunden. Um dem Problem der Verstopfung an den Zug Ein- und Ausgängen entgegenzuwirken, testet die MTA sogenannte *Open Gangway Cars*. Diese neuartigen Züge besitzen keine Lücke mehr zwischen einzelnen Wagons und erhöhen die Kapazität des Zuges um 10%, ohne den Zug selbst verlängern zu müssen und somit etwaigen Umbaumaßnahmen an Bahnsteigen aus dem Weg zu gehen. Des Weiteren können sich Fahrgäste besser im Zug verteilen, da sie nicht mehr isoliert in einem Wagon mitfahren müssen. Dieses Konzept der *Open Gangway Cars* hat sich bereits in Großstädten wie London und Paris erfolgreich etabliert. Bestellt werde die Züge für die New Yorker Subway Anfang nächsten Jahres, wann sie aber in Betrieb gehen, ist noch unklar (wired.com).

„The idea behind these open gangway cars is that we really want to look at all options as we move forward with the design of the next generation of subway cars" (wired.com). Dieses Zitat eines MTA

Sprechers verdeutlicht, wie entwicklungsbereit die Verantwortlichen sind, um die Probleme (Überfüllung, Verspätungen etc.) mit neuen Investitionen zu lösen.

2.1.2 Bus

Nach der New Yorker U-Bahn, ist das zweit häufigste verwendete Verkehrsmittel der Bus. Im Jahr 2015 benutzen ca. 793 Mio. Menschen den Busverkehr.

Insgesamt besteht die Flotte, welche zu 80% Anteilen ebenfalls der MTA gehören (der Rest wird von Subunternehmern betrieben), aus 5.710 Bussen (Stand 2014). Diese befördern täglich ca. 2,4 Mio. Menschen auf 307 Linien (wikipedia.de/Transportation in New York). Der Bus kann also als hervorragendes Ergänzungsmittel zur U-Bahn dargestellt werden, der von vielen Einheimischen und Touristen genutzt wird. *„The bus system services routes not served by the subway system such as crosstown (East-West) routes and outlying areas."* (ny.com). Denn wie das Zitat dieser Touristen Informationsseite verdeutlicht, bedienen die Busse Strecken, an denen man gewöhnlich nicht mit der U-Bahn gelangt, dies ist vor Allem praktisch, wenn man außerhalb oder in großer Entfernung zu einer U-Bahn-Station lebt.

„New York has among the slowest buses in the nation. "(mta.info). Ein großes Problem stellt allerdings die Geschwindigkeit der Busse dar. Denn sie müssen ebenfalls durch die ohnehin schon verstopften Straßen von New York. In den Hauptverkehrszentren Brooklyn und Manhattan ist der Bus kaum schneller als ein Fahrradfahrer mit einer Durchschnittsgeschwindigkeit von gerade einmal 7 km/h (mta.info). Diese langsame Geschwindigkeit hat vor Allem Verspätungen und ungenaue Prognosen zur Ankunft der Busse zur Folge. Anders wie bei der U-Bahn, die nicht mit Staus rechnen muss und somit exakt auf die Minute ankommt. Um die Busse also zu beschleunigen und das Busfahren ähnlich schnell und effektiv wie die U-Bahn zu gestalten, startet die MTA das Projekt des sogenannten *Select Bus Service* (nyc.gov). Select Busse sind ähnlich wie die Express Linien der U-Bahn, sie überspringen manche Station. Um sie außerdem zu beschleunigen, werden sie mit Sonderrechten im Straßenverkehr ausgestattet, wie beispielsweise eine eigens angelegte Busspur, um Staus umfahren zu können; die Möglichkeit Bezahlen im Bus zahlen zu können, um unnötig lange Stopps zu vermeiden oder besondere Rechte bei Ampeln, wie zum Beispiel eine schnellere oder längere Grünphase (nyc.gov). Getestet wurde das Projekt erstmals im Juni 2008. Das Ergebnis sprach für eine Erweiterung dieser vermeidlichen Erfolgsgeschichte, denn die Dauer der Fahrt sank um 20% und die Anzahl an Fahrgästen nahm um ca. 5.000 Fahrgästen pro Tag enorm zu (*„travel times are down almost 20 percent and ridership is up by over 5,000 passengers per day"* (mta.info)). Beispielsweise würde die Fahrt von *Howard Beach* bis zum *LaGuardia Airport* mit einer gewöhnlichen Buslinie 65 Minuten dauern, währen man mit dem schnelleren *Select Bus* nur 45 Minuten benötigen würde (Donohue, 2014).

Die steigende Fahrgastanzahl verdeutlicht, welchen großen Andrang das neue Projekt hatte und zeigte somit, dass es auch in finanzieller Hinsicht ein attraktives Geschäft für die Metropolitan Transportation Authority (MTA) werden würde.

Heut zu Tage bedienen Select Busse außerdem Viertel, bei denen man mit gewöhnlichen Verkehrsmitteln zu lange braucht, und U-Bahn Abschnitte, die überfüllt oder stark wachsend sind, um diese zu entlasten. Insgesamt sind momentan 9 solcher Select Bus Routen in Betrieb (nyc.gov).

2.2   Sicherheit des Verkehrssystems: Kriminalität und Unfallgefahr

Dort wo sich viele Menschen ansammeln, gibt es häufig auch eine hohe Konzentration an Diebstählen oder ähnlichen kriminellen Taten, wie Kämpfen zwischen Gangs, Drogenhandel bis hin zur Terror Gefahr (Ryley, Donohue, 2014). Gerade an den oft überfüllten U-Bahn-Station ist es für Kriminelle häufig leicht, schnell und unentdeckt Straftaten wie Diebstahl zu begehen. Zwischen Juli 2008 und Juni 2013 wurden von der New Yorker Polizei insgesamt 48.000 Straftaten verzeichnet (Ryley, Donohue, 2014). Diese enorm hohe Anzahl an Vergehen verdeutlicht die Attraktivität für Kriminelle. Dennoch sagt *Transit Bureau Chief* Jospeh Fox in einem Bericht der New York Daily News von Ryley und Donohue im Juni 2014, dass das New Yorker U-Bahn System sicher sei und erläutert dies an dem Verhalten der Fahrgäste, dass diese stets mit einem Smartphone in den Zügen säßen und somit nach außen eine gewisse Geborgenheit wieder spiegeln würden. Dies lässt aber nicht zwingend auf ein Gefühl der Geborgenheit schließen, genauso gut könne man dies auch als Gefühl des Unwohlbefindens deuten, das Fahrgäste es bevorzugen, stets in Erreichbarkeit mit Freunden zu stehen, um ihre Unsicherheit während der Fahrt durch Kommunikation zu kompensieren.

Betrachtet man die Statistik der Straftaten, die über ein Jahr hinweg geführt wurde, so fällt auf, dass gerade in den Sommermonaten eine erhöhte Kriminalitätsbereitschaft an dem sogenannten *Rockaway Park Schuttle* auffällig wird. Denn der Schuttle transportiert jegliche Strandbesucher in die Stadt und zur nahegelegen Küste und die somit entstehenden Menschenmengen, nämlich den Badegästen, werden zum beliebten Ziel von Dieben, wie aus dem Zeitungsbericht der New York Daily News hervorgeht (Ryley, Donohue, 2014).

Betrachtet man die Kriminalstatistik für eine weitere lebhafte Station, nämlich die des *Timesquares,* so stellt man fest, dass an erster Stelle Diebstähle stehen und an zweiter Stelle der Verstoß gegen das Waffengesetz, konkret das Mitführen einer Waffe (Ryley, Donohue, 2014). Dies verdeutlicht, wie gefährlich es in den U-Bahn Zügen werden könnte. So könnte es zu jederzeit zu einer Schießerei oder ähnlichen Gewaltverbrechen kommen. Nichts desto trotz spricht Police Commissioner Bill Braton von einer außergewöhnlich guten Sicherheitslage im Vergleich zu den Verbrechen in den 70er, 80er und

90er. („*It's extraordinarily safe, compared to what crime was in the '90s, the '70s and the '80s*"(Ryley, Donohue, 2014)).

Laut dem Transit Bureau Chief Joseph Fox fanden 62% aller Straftaten in Zügen und die restlichen 38% in den Stationen statt (Ryley, Donohue, 2014). Dass die Kriminalität in den Zügen höher ist als in den Stationen, lässt sich zum einen durch die schnelleren Fluchtmöglichkeiten von Kriminellen erklären. So können sie bei dem nächsten Halt einfach aussteigen, bevor ihr Opfer überhaupt merkt, dass potenzielle Wertsachen entwendet wurden.

Nicht überraschend ist es, dass die U-Bahn und Bus Stationen im *Financial District* von Manhattan, wie beispielsweise die Wall Street Station, zu den friedlichsten Stationen gehören. Die Leute die in den Financial District fahren, kommen nur, um dort zu arbeiten und fahren abends wieder nach Hause. Ebenfalls leben dort nicht viele Menschen, und wenn ja sind diese sehr Wohlhabend. Organisierte Kriminalität, wie Bandenkriege oder ähnlichem, ausgelöst durch Menschen, die möglicherweise aus sozialen Brennpunkten kommen, lassen sich dort kaum vorfinden. Im Bericht der New York Daily News spricht Ladenbesitzer Mohammed Mostafa von einer sehr friedlichen Atmosphäre an der Lexington Ave. („*It's very peaceful*") (Ryley, Donohue, 2014).

Um Diebstahl vorzubeugen wirbt die New Yorker Polizei auf ihrer Internetseite und aktiv mit Werbeplakaten in und um den U-Bahn und Bus Station mit einfachen Ratschlägen. Zum einen sollte man die sogenannten *Off-Hours Waiting Areas* benutzen. In diesen befinden sich öffentliche Telefone und Überwachungskameras. Ebenfalls eine Sprechanlage, um mit dem zuständigen *Station Agent* im Notfall zu kommunizieren wie eine Anzeige für ankommende Züge (nyc.gov). In ihnen ist also eine 24 Stunden sichere Überwachung gewährleistet. Neben den Ratschlägen zur Selbsthilfe unterhält die NYPD (New York Police Department) mehrere Büros an U-Bahn-Station. Ebenfalls patrouillieren Beamte in den Stationen und Zügen.

Neben der Kriminalität stellt die Sicherheit des Verkehrssystems, betreffend U-Bahnen, Busse und der Straßenverkehr, ein weiteres Problem dar. Das häufigste auftretende Problem ist, wie in nahezu allen Großstädten der Suizid an den U-Bahn-Stationen. 2012 beispielsweise gab es insgesamt 19 Suizide in New York City. Diese Zahl konnte sich im Jahr 2013 geringfügig verringern, auf nämlich insgesamt 16 Tote (Bulso, 2013). Damit besitzt New York keine auffällig hohe Selbstmordrate, verglichen mit den weltweiten Statistiken. So nahmen sich beispielsweise 12 Menschen im Jahr 2012 das Leben an U-Bahn-Stationen in Neu Dheli (Khazan, 2012). Neben den Suiziden gibt es allerdings auch zahlreiche Unfälle, die tödlich geendet sind. Im Jahr 2012 waren es insgesamt 36 Unfälle in New York, also nahezu doppelt so hoch wie die Anzahl der Suizide (Bulso,2013). 2012 starben also 53 Menschen im Metro System New Yorks. Deshalb lässt sich die Frage stellen, ob man diese Toten nicht durch physische Gegenmaßnahmen, wie etwa Barrieren, verhindern hätte können. Diese Barrieren existieren bereits in Großstädten, wie Shanghai, Tokio oder Paris. Diese bleiben geschlossen, bis der angefahrene Zug zum Stehen kommt und erschweren somit erheblich, sich dem fahrenden Zug zu nähern bzw. vor den Zug springen zu können. Der Faktor, der gegen die sinnvolle Installation dieser Barrieren ist, ist die schlechte finanzielle Lage der Stadt. Pro Station könne man durchschnittlich 1 Millionen Dollar einplanen, das wären für insgesamt 476 Stationen (Stand 2016) rund eine halbe Milliarde Dollar. Des Weiteren würde das Installieren ebenfalls große Probleme verursachen, Grund seien „physische Unterschiede der Stationen und Züge" (Shiavenza, 2014). Befürworter des Projekts werden lediglich mit Worten getröstet, dass diese Ereignisse sehr selten sei (Unfälle) und egal wie tragisch diese seien, sollten unsere Lebensweise nicht verändern, wie New Yorks Bürgermeister Michael Bloomberg rechtfertigt (*„It is such a rare occurrence that no matter how tragic it is, it shouldn't change our lifestyle"* (Shiavenza, 2014)). Ideen zur Prävention von Unfällen und Suiziden sind also vorhanden, lediglich die Politik bzw. das mangelnde Wertbewusstsein für derartige Investitionen ist nicht vorhanden.

Neben den Unfällen mit Beteiligung öffentlicher Verkehrsmittel, gibt es ebenfalls zahlreiche Unfälle, die im Straßenverkehr passieren. Da New York die bevölkerungsreichste Stadt der USA ist, ist es nicht verwunderlich, dass bei so einer hohen Anzahl an Kraftfahrzeugen, auch eine Reihe von Unfällen passieren. Denn ca. 46% der gesamten Bevölkerung der Stadt besitzen ein Auto (wikipedia.de/ Transportation in New York City). Insgesamt kam es im Jahr 2014 zu 269 tödlichen Unfällen auf den Straßen von New York (Ferro, 2015). Im Vergleich zu anderen Großstädten, wie beispielsweise Los Angeles, wo im Jahr 2013 630 Menschen ums Leben kamen, scheint der Straßenverkehr in New York sicherer, was die Anzahl der tödlichen Unfälle betrifft, sicherer zu sein (tjryanlaw.com). Eine Untersuchung der *RMFW Law* Agentur belegt, dass durchschnittlich alle 33 Stunden ein New Yorker bei einem Verkehrsunfall ums Leben kommt (personalinjurylawer-nyc.com). Allein im August 2015 waren rund 18.900 Kraftfahrzeuge in Verkehrsunfälle verwickelt. Betrachtet man eine Statistik für Verkehrsverstöße der New Yorker Polizei, so lassen sich Ursachen für die zahlreichen Unfälle herausfiltern. So gab es im Jahr 2014 rund 118.000 Vergehen für zu schnelles Fahren. Diese Rate hat sich im Vergleich zum Durschnitt von 2011-2013 (77.000 Vorfälle), um 75% im Jahr 2015 auf 134.500 Vergehen erhöht. Drastisch gestiegen ist ebenfalls der Gebrauch von Handys während des Fahrens. Registriert wurden 32.600 Vorfälle im Jahr 2014. Diese stiegen um ganze 285% im Vergleich zum Durchschnitt von 2011-2013 (10.700) auf 41.200 Verstößen im Jahr 2015 (Shapiro, 2016). Verantwortlich für die zahlreichen tödlichen Unfälle ist allgemein also ein mangelndes Verantwortungsbewusstsein der Autofahrer, die gerade in einer Großstadt mit solch einer hohen Verkehrsdichte besonders aufmerksam gegenüber Passanten und anderen Fahrzeuge agieren sollten. Um den Straßenverkehr dennoch sicherer zu machen, beruft die Regierung der Stadt das sogenannte *Vision Zero* Projekt ins Leben. Vision Zero ist ein Projekt, welches die Stadt für Passanten und Fahrradfahrer sicherer machen soll, und die Anzahl der Unfälle verringern zu versucht. Dies soll unter anderem durch eine Neugestaltung von Straßen und diversen Medienkampagnen umgesetzt werden. Um konkrete Maßnahmen durchführen zu können, sieht das Projekt ebenfalls eine primäre Erfassung von Daten zum Straßenverkehr vor, wie beispielsweise das Erkennen und Analysieren von Unfallschwerpunkten. Diese Analyseergebnisse führen dann zur Umsetzung spezieller Maßnahmen, wie beispielsweise eine Veränderung der Straßenmarkierungen oder die Umschaltung von Ampeln (*„changes to signals, street geometry and markings and regulations that govern actions like turning and parking. These projects simplyfy driving, walking and bicycling, increase predictability, improve visibility and reduce conflicts"* (Shapiro, 2016).

2.3   Kosteneffizient des Verkehrssystems: Für die Bürger und für die Stadt

Um das Verkehrssystem New York Citys finanzieren zu können bedarf es einiger Maßnahmen, wie beispielsweise Ticketpreis Erhöhungen, jedoch dürfen diese nicht all zu hoch ausfallen, um die Zahl der Fahrgäste trotzdem konstant zu halten. Momentan bezahlt man für einen Einzelfahrschein, egal ob Bus oder U-Bahn, 3 Dollar. Benutz man einen Express Bus, so beträgt der Preis 6,50 Dollar. Die sogenannte *Base Fare* beträgt 2,75 Dollar. Neben den regulären Preisen kann man allerdings mit einer sogenannten *Metro Card* Fahrpreise reduzieren (mta.info). *Metro Cards* lassen sich mit Monats oder Jahres Abonnements in Deutschland vergleichen und sind im Schnitt für Vielfahrer günstiger. Betrachtet man die Ticketpreisentwicklung der letzten 10 Jahre, so lässt sich feststellen, dass der Preis von 2010 (2,50 Dollar) bis 2016 (3,50 Dollar) für einen Einzelfahrschein, um 1 Dollar gestiegen ist (wikipedia.de/NewYork City Transit Fares). Dies mag auf den ersten Blick nicht sonderlich viel erscheinen, doch betrachtet man die Anzahl der jährlichen Fahrgäste, 1,7 Milliarden im Jahr 2014 (mta.info), wird offensichtlich, wie viele Mehreinnahmen dadurch zu Stande kommen. Vergleicht man die Fahrpreise weltweit, so steht New York im Mittelfeld, d.h. die Preise sind nicht überdurchschnittlich hoch oder niedrig. So würde man in London beispielsweise umgerechnet 4 Dollar für den sogenannten *Base Fare* bezahlen, 1,25 Dollar mehr als in New York. Überraschend allerdings ist, dass man in der amerikanischen Stadt Los Angeles nur 1,50 Dollar bezahlen muss. In Chicago sind es ebenfalls nur 1,90 Dollar (worldatlas.com, 2015) Im amerikanischen Vergleich besitzt New York also unter anderem die höchsten Ticketpreise.

Diese Mehreinnahmen werden dringend benötigt, denn die schnell wachsende Einwohnerzahl, bedarf es ständiger neuer Investitionen in beispielsweise neue Stationen, Zügen etc. Beispiele für solche Projekte, die Unmengen an Investitionskosten bedürfen, sind zum einen die Erweiterung der Linie 7 in Richtung West Manhattan, die Verlängerung der *Long Island Railroad* zu der *Grand-Central-Station* sowie die neue *Second Avenue Subway Station*. Die Erweiterung der Linie 7 ist mit 2,1 Milliarde Dollar berechnet, die Verlängerung der *Long Island Railroad* mit 10,2 Milliarde Dollar und die *Second Avenue Subway Station* wurde mit 4,4 Milliarden Dollar taxiert (publictransport.about.com, 2016). Alles in Allem beträgt die Investitionssumme 16,7 Billionen Dollar, lediglich auf diese drei größten Projekte beschränkt.

Aber selbst die Mehreinnahmen wie durch etwa die Erhöhung der Ticketpreise ändern nichts an der finanziellen Situation der MTA: *„The MTA is riding the rails of financial ruin"* (Otis, 2015). Wie nahezu jede öffentliche Verkehrsgesellschaft weltweit, macht die Metropolian Transport Authority ebenfalls keinen Gewinn: *„We lose money on every single ride, but we provide 8.5 million a day,"*, so der MTA Sprecher Adam Lisberg (Otis, 2015). So kostet der MTA beispielsweise ein einzelner Zug pro Stunde rund 189 Dollar, wie eine Statistik des Bloggers Larry Littlefield verdeutlicht. Dies ist auf amerikanischer Ebene betrachtet mit der niedrigste Wert. Lediglich die aufzubringenden Kosten pro Stunde für einen Zug in Chicago sind niedriger, bei rund 131 Dollar. Ein Bus, der in Betrieb ist, kostet die MTA gut 134 Dollar, also etwas weniger als ein U-Bahn Zug. Dies ist aufgrund der alten Busse – und damit erhöhten Benzinverbrauchs, gerade bei längeren Standzeiten wie zur Rush Hour – nicht verwunderlich. Ebenfalls spiegelt die Bezahlung der Arbeiter einen wichtigen Kostenfaktor wieder. So kostet die MTA im Jahr 2012 ein Bediensteter der U-Bahn im Schnitt 74,40 Dollar die Stunde, für Bedienstete der Transit Busse 78,80 Dollar und die der eigenen MTA Busse 81,80 Dollar die Stunde (Littlefield). Für die Jahre nach 2012 ist zu erwarten, dass die sogenannten *Operating Costs*, aufgrund von steigenden Löhnen, Reparaturen und neuen Investitionen ebenfalls gestiegen sind.

Im Jahr 2014 besaß die Gesellschaft ein Defizit im Gesamtetat von insgesamt rund 2 Milliarden Dollar. Grund seien vor allem stark ansteigende Kosten für Lohnzusatzleistungen, die die Bediensteten erhalten sowie die Tilgung von bereits im Jahr zuvor entstandenen Schulden (DiNapoli, 2011). Jährlich muss die MTA rund 2,2 Milliarden Dollar nur an Zinsen zurückbezahlen (Otis, 2015). Ebenfalls ist ein großer Kostenfaktor, die Bezahlung von Überstunden. Insgesamt musste MTA im Jahr 2014 rund 849 Millionen Dollar an Überstundenkosten an ihre Arbeitnehmer bezahlen, rund 100 Millionen mehr als im Jahr zuvor (Durkin, Rivoli, Grant, 2015). Die hohen Überstundenzahlen lassen sich vor Allem durch die Alterung der gesamten Infrastruktur erklären. Je älter die Infrastruktur wird, desto mehr Reparaturarbeiten fallen selbstverständlich an. Ebenso spielen Unwetterkatastrophen eine Rolle. Gerade New York als küstennahe Stadt, ist hiervon stetig betroffen.

Insgesamt steht der Gesellschaft ein Budget von 14,6 Milliarden Dollar zu Verfügung mit welchem sie Reparaturen, Investitionen etc. bezahlen muss (Otis, 2015). Hinsichtlich dieser Zahl und der Zahl für die unmittelbaren Investitionskosten, ist es jedoch nicht verwunderlich, dass bei so einem Etat ausschließlich Schulden gemacht werden können. Gut die Hälfte des Gesamtetats bezieht die MTA durch Einnahmen von Fahrgästen, sprich durch Tickets. Diese belaufen sich auf rund 7 Milliarden Dollar, verteilt auf 6 Millionen zahlende Fahrgäste von Bus und U-Bahn. Unterstützt wird die MTA durch die Stadt New York bzw. deren Bürger. Denn ein erlassenes Gesetzt von 2009 sieht vor, dass

Bürger durch die Lohnsteuer ebenfalls indirekt Abgaben an die MTA leisten. Diese Abgaben bringen der Verkehrsgesellschaft rund 2 Milliarden Dollar mehr im Jahr ein. Des Weiteren wird die MTA durch die Stadt New York und den Staat subventioniert. Dies geschah zum letzten Mal 2015, mit dem sogenannten *2015-2019 Capital Plan*, der rund 29 Milliarden Dollar umfasst. Mit ihm werden bis Ende 2016 278 Stationen unter anderem mit Wi-Fi aufgerüstet und ebenso 30 Stationen, mit der Möglichkeit mit dem Smartphone zu bezahlen (*mobile ticketing*) ausgestattet. Außerdem werden zusätzlichen Überwachungskameras in Bussen und Smartphone Auflade Stationen installiert (wikipedia.org/ Metropolitan Transport Authority). Einerseits sind die Investitionen in Sicherheit, wie die angeführten Sicherheitskameras, unabdingbar, jedoch lässt sich die Investitionen, hinsichtlich der Smartphones nicht vollständig nachvollziehen, da diese von noch nicht nötiger Relevanz sind und erstmals als „Spielerei" bezeichnet werden könnten. Denn wie bereits erläutert, gebe es genug Problembereiche in denen Investitionen wesentlich sinnvoller wären, wie beispielsweise bei der Reparatur oder Neuanschaffung von Zügen und Bussen, die teilweise schon etliche Jahre im Betrieb sind („Die derzeit (2008) eingesetzten Fahrzeuge stammen aus den Jahren 1964 bis 2008 und sind der zweiten, dritten und vierten Generation U-Bahn-Wagen zuzurechnen." (wikipedia.org/New York City Subway)). Dies ist die größte Voraussetzung, um Sicherheit zu gewährleisten. Ebenso wäre es sinnvoll, deutlich mehr in die Sicherheitsausstattung von Bussen und Zügen zu investieren, wie die Kriminalstatistiken verdeutlichen.

Neben den zahlreichen Kosten für die die MTA aufkommen muss, gibt es allerdings auch Einnahmen. Diese werden beispielsweise durch Werbeeinnahmen erwirtschaftet. Insgesamt entstanden hierdurch Einnahmen von rund 116,4 Millionen Dollar im Jahr 2011 (wikipedia.org/Metropolitan Transportation Authority). Gerade mit Blick auf die Entstehung von immer mehr Stationen, steigenden Fahrgastzahlen, ist in diesem Bereich der Einnahmenquellen sicherlich noch mehr Potenzial vorhanden. Die Haupteinnahmequelle jedoch ist die Infrastruktur selbst. Denn durch die Maut, die Auto- und LKW-Fahrer an Brücken, Tunneln oder Highways bezahlen müssen, nimmt die MTA rund 1,5 Milliarden Dollar (2012) jährlich ein (wikipedia.org/MTA Bridges and Tunnels). Für die Steuerung des Bereiches, gründete die Verkehrsgesellschaft eigens die Tochtergesellschaft *MTA Bridges and Tunnels*. Unter deren Kontrollbereich fallen insgesamt sieben Brücken und 2 Tunnel. Bezahlen kann man hier dem sogenannten *EZ-Pass*, den man auf die Ablagefläche vor der Windschutzscheibe legt und somit unkompliziert ohne langen Stopp die Mautstelle passieren kann, oder mit Bargeld. Vorteil der *EZ-Pass Nutzer* ist ebenfalls ein vergünstigter Tarif. So bezahlt man als Autofahrer 8 Dollar an *der Robert F. Kennedy Bridge, Throgs Neck Bridge, Bronx-Whitestone Bridge*, im *Queens Midtown Tunnel* und im *Hugh L. Carey Tunel*. Mit dem *EZ-Pass* würde man lediglich 5,54 Dollar bezahlen. Am teuersten ist die Verrazano-Narrwos Bridge mit 16,00 bzw. 11,08 Dollar. Für LKWs, Busse oder Motorräder gelten entsprechend höhere bzw. tiefere Mautpreise. LKWs müssen mit einer Maut von min. 10 bis max. 20 Dollar (mit *EZ-Pass*) oder von min. 16 bis 32 Dollar ohne Vergünstigung durch den *EZ-Pass* rechnen (wikipedia.org/ MTA Bridges and Tunnels). Die Idee von einer Einführung der Maut ist angesichts der stark befahrenen Straßen, Tunneln und Brücken gerade in New York besonders sinnvoll, um die Reparatur- und Investitionskosten besser kompensieren zu können. Besonders in New York, hinsichtlich steigender Verkehrszahlen, bleibt die Maut deshalb eine konstant bleibende Einnahmequelle. Ebenfalls ist diese bei Bedarf leicht durch Preiserhöhung bzw. Senkung zu regulieren, da die New Yorker, egal bei welchem Mautpreis, von der Nutzung der Infrastruktur abgängig sind, um Wirtschaft und ebenfalls den Tourismus aufrecht zu erhalten

2.4   Umweltaspekte

Die Tatsache, dass die meisten Einwohner New Yorks die öffentlichen Verkehrsmittel wie Bus und U-Bahn benutzen und somit auf das Fahren mit dem Auto verzichten, bringt der Stadt die Errungenschaft ein, eine der umweltfreundlichsten Städte der USA zu sein (wikipedia.org/ Environmental issues in New York City). *„Every day, each person who chooses to travel by bus or train contributes to a cleaner environment. That translates into approximately 700,000 cars kept out of New York City's central business district daily. It also means 400 million fewer pounds of soot, carbon monoxide, hydrocarbons, and other toxic substances released each year into the city's air."* (mta.info). Dieses Zitat der offiziellen MTA Homepage verdeutlicht, wie förderlich es ist, dass so viele New Yorker die öffentlichen Verkehrsmittel nutzen. Nicht nur im Aspekt der dadurch steigenden Einnahmen wirkt sich dies positiv aus, sondern auch hinsichtlich der Umweltfreundlichkeit. Wie im Zitat erwähnt, können dadurch 700.000 Autos vom Verkehr ausgeschlossen werden, dies reduziert nicht nur die Anzahl an Staus, verursacht durch Überfüllung, sondern auch die im Stau verursachten höheren Abgase, da die Autos längere Standzeiten zur Zeit der Rush Hour haben. Insgesamt werden dadurch 400 Millionen Pounds – umgerechnet 181,5 Millionen Kg – an Schadstoffen eingespart, wie im Zitat deutlich wird.

In dem bereits angesprochenen *Capital Plan 2015-2019* sind neben den erwähnten Expansionen und Modernisierungen ebenfalls Pläne hinsichtlich der Umweltaspekte enthalten. Diese beinhalten beispielsweise die Schulung und Ausrüstung der Mitarbeiter, um ein umweltfreundlicheres Handeln bewirken zu können, die Setzung von freiwilligen Selbstverplichtungen, um den Schadstoffausstoß noch weiter zu verringern, sowie die Zusammenarbeit mit der Stadt New York und deren einzelnen Kommunen, um beispielsweise Lärm, Verschmutzung oder Recycling zu minimieren bzw. zu verbessern (mta.info). Ebenfalls wird beim Bau neuer Stationen darauf geachtet, möglichst umweltschonende oder recycelte Baumaterialen zu benutzen. Beispielsweise wurde beim Bau der *Roosevelt Avenue Subway Station* zu 15% Flugasche in dem Zement gemischt (mta.info).

Um umweltfreundlichen Strom zu gewinnen, gibt es auf zahlreichen Stationen einige Photovoltaik Anlagen. Beispielsweise auf dem Stilwell Avenue Subway Terminal, der Roosevelt Avenue-74th Street Station, sowie eine eigene 300kW Kraftanlagen auf dem *Gun Hill Road Bus Depot*. Neben den Photovoltaik Anlagen, gibt es unter anderem einen eigenen Recyclingbereich, in dem veraltete Busse und Züge auseinander und wiederverwertet werden (mta.info). Ebenso besitzt New York die umweltfreundlichste Busflotte (*„the largest „green" fleet in the world"*). Insgesamt betreibt die MTA Bus Company und die NYC Transit Gesellschaft mehr als 2000 hybrid und Elektrobusse. Ebenso wurden 3200 Busse mit speziellen Dieselpartikel Filtern nachgerüstet, die 95% der Emissionen reduzieren sollen (mta.info). 2002 erhielt das *Department of Buses* sogar den *Clean Air Excelllence Award*, vergeben durch die *United States Environmental Protection Agency* (mta.info). Dass die MTA den Preis bereits 2002 erhielt, zeigt außerdem, dass die Gesellschaft den Aspekt der Umweltfreundlichkeit bereits früh in den Fokus genommen hat, um ein nachhaltiges Verkehrssystem aufzubauen, trotz der teils veralteten Infrastruktur ist dies sehr bemerkenswert. Dies verdeutlicht das hohe Verantwortungsbewusstsein der New Yorker Verkehrsgesellschaft.

3 Schluss

Das unter anderem größte, aber auch älteste Verkehrssystem der Welt, besitzt insgesamt eine sehr hohe Leistungsfähigkeit, die aber nahezu an der Grenze ihrer Kapazität angelangt ist, wie die überfüllten Stationen, Züge und Busse verdeutlichen. Dies ist größtenteils ihrer alternden Struktur zu verantworten. Das Alter der Infrastruktur schlägt sich ebenfalls im Haushalt ihrer führenden Gesellschaft nieder. Die MTA muss somit für hohe Reparatur- und Investitionskosten aufkommen, welche ein großes Defizit in den Umsatz schlagen. Dieses schlechte finanzielle Lage führt also zu jährlich größer werdenden Schulden und bedarf es neuer Lösungsmöglichkeiten, wie beispielsweise die Subventionierung des Staates und der Stadt, unter anderem euch der Bürger selbst. Hinsichtlich dieser neuen Lösungsaspekte verspricht der eingeführte *Capital Plan 2015-2019* also einer langfristig gesehenen Verbesserung der finanziellen Lage. Dieser sieht die Expansionen und Modernisierung diverser Bus und U-Bahn-Stationen vor, um der steigenden Belastung von Fahrgastzahlen gerecht zu werden. Ebenso betrifft dieser Verbesserungen hinsichtlich der Umweltfreundlichkeit, wie beispielsweise die Nutzung von regenerativen Energien oder unmittelbar das Bauen von neuen Stationen, wie im *Capital Plan 2015-2019* vorgesehen, mit nachhaltigen Rohstoffen. Diese Fokussierung auf Nachhaltigkeit und Umweltfreundlichkeit verdeutlicht die insgesamt sehr verantwortungsvolle Unternehmenspolitik der MTA, bzw. der Stadt New York. Denn ein prämiertes Verkehrssystem zu schaffen, welches die umweltfreundlichsten Busse weltweit betreibt, auf so einer

Größe mit einem verhältnismäßig knappen Etat, bedarf es einer gut durchstrukturierten Organisation sowie einer Aspekt orientierten Unternehmenspolitik.

Abschließend lässt sich also sagen, dass die zukünftigen Projekte der Metropolitan Transport Authority (MTA), insbesondere der Capital Plan 2015-2019, die finanzielle Situation zwar nicht deutlich verbessern werden, jedoch die Leistungsfähigkeit bzw. die Effizient und Umweltfreundlichkeit stark erhöhen werden.

4 Literaturverzeichnis

„+selectbusservice – Routen" unter: http://www.nyc.gov/html/brt/html/routes/routes.shtml
(abgerufen am 02.03.16)

„+selectbusservice" unter: http://www.nyc.gov/html/brt/html/home/home.shtml (abgerufen am
02.03.16)

„Baltimore Metro" unter: https://de.wikipedia.org/wiki/Baltimore_Metro (abgerufen am 16.02.16)

„California Car Accident Death Statistics" unter: https://tjryanlaw.com/california-car-accident-death-statistics/ (abgerufen am 06.03.16)

„Cost of Public Transportation around the world" (17.11.15) unter:
http://www.worldatlas.com/articles/cost-of-public-transportation-around-the-world.html
(abgerufen am 06.03.16)

„Crime Prevention | Riding the Subway"unter:
http://www.nyc.gov/html/nypd/html/crime_prevention/riding_the_subway.shtml (abgerufen am
04.03.16)

„Environmental Issues in New York City" unter:
https://en.wikipedia.org/wiki/Environmental_issues_in_New_York_City (abgerufen am 08.03.16)

„Fares & Metro Card" unter: http://web.mta.info/metrocard/mcgtreng.htm (abgerufen am 06.03.16)

„Introduction to Subway Ridership" unter: http://web.mta.info/nyct/facts/ridership/ (angerufen am
06.03.16)

„MTA Bridges and Tunnels" unter: https://en.wikipedia.org/wiki/MTA_Bridges_and_Tunnels
(abgerufen am 08.03.16)

„MTA TripPlanner" unter: http://tripplanner.mta.info/mytrip/ui_web/customplanner/results.aspx (abgerufen am 08.02.16)

„Nahverkehr, MTA, Öffentliche Verkehrsmittel (ÖPNV) in New York City (Manhattan)" unter: http://www.newyork-manhattan.info/nahverkehr_oepnv/nahverkehr_newyork.htm (abgerufen am 07.02.16)

„New York City Bus System" unter: http://www.ny.com/transportation/buses/ (abgerufen am 02.03.16)

„New York City Personal Injury Law Blog" (11.10.2015) unter: http://www.personalinjurylawyer-nyc.com/2015/10/new-york-car-crash-accidents-a-statistical-review/ (abgerufen am 06.03.16)

„New York City Subway" unter: https://en.wikipedia.org/wiki/New_York_City_Subway (abgerufen am 16.02.16)

„New York City Transit and the Environment" unter: http://web.mta.info/nyct/facts/ffenvironment.htm#clean_bus (abgerufen am 08.03.16)

„New York City" unter: https://de.wikipedia.org/wiki/New_York_City (abgerufen am 07.02.16)

„New York MTA Capital Projects" (28.02.16) unter: http://publictransport.about.com/od/Transit_Projects/a/New-York-Mta-Capital-Projects.htm (abgerufen am 06.03.16)

„New York Transit Fares" unter: https://en.wikipedia.org/wiki/New_York_City_transit_fares (abgerufen am 06.03.16)

„Reiseführer New York City – Subway" unter: http://www.nyc-guide.de/verkehrsmittel/subway.html (abgerufen am 18.02.16)

„Select Bus Service" unter: http://web.mta.info/mta/planning/sbs/ (abgerufen am 02.03.16)

„Transportation in New York City" unter: https://en.wikipedia.org/wiki/Transportation_in_New_York_City (abgerufen am 08.02.16)

„Verkehrsmittel in New York City" unter: http://www.newyork-reisen.de/reiseinformationen/verkehrsmittel-new-york (abgerufen am 13.02.16)

„Vision Zero" unter: http://www.nyc.gov/html/visionzero/pages/home/home.shtml (abgerufen am 06.03.16)

Alex Davies (27.01.16) *„NYC'S FINALLY TRYING A SUBWAY DESIGN THAT CUTS CROWDING AND DELAYS"* unter: http://www.wired.com/2016/01/nycs-finally-trying-a-subway-design-that-cuts-crowding-and-delays/ (abgerufen am 22.02.16)

Bulso, Gary(02.06.13) *„Suicide is leading cause of subway-passengers deaths: MTA Data"* unter: http://nypost.com/2013/06/02/suicide-is-leading-cause-of-subway-passenger-deaths-mta-data/ (abgerufen am 05.03.16)

DiNapoli, Thomas P. (September, 2010): *„Fianancial Outlook fort he Metropolitan Authority"* unter: http://www.osc.state.ny.us/reports/mta/mta-rpt-52011.pdf (abgerufen am 07.03.16)

Donohue, Pete (11.05.14) *„City eyes Bus Rapid Transit to speed up MTA rides"* unter: http://www.nydailynews.com/new-york/city-eyes-separate-road-lanes-speed-mta-rides-article-1.1788347 (abgerufen am 03.03.16)

Durkin, Erik; Rivoli, Dan; Grant, Jason (17.07.2015): *„1 in 4 MTA workers made six-figure incomes last year, up from 2013: records"* unter: http://www.nydailynews.com/new-york/1-4-mta-workers-made-six-figure-incomes-year-article-1.2294625 (abgerufen am 08.03.16)

Ferro, Shane (18.06.2015) *„ It's time tob an personal cars in New York City"* unter: http://www.businessinsider.com/why-new-york-city-should-ban-cars-2015-6?IR=T (abgerufen am 06.03.16)

Hollbach-Grömig, *„Entscheidungsfelder städtischer Zukunft"*, Verlag W. Kohlhammer/Deutscher Gemeindeverlag, Stuttgart, Berlin, Köln, 1997.

Johnson, Matt (16. März 2010) „*Average schedule speed: How does Metro compare?* " unter: http://greatergreaterwashington.org/post/5183/average-schedule-speed-how-does-metro-compare/ (abgerufen 16.02.16)

Khazan, Olga (15.10.12) „*A look at metro suicides worldwide*" unter:

https://www.washingtonpost.com/blogs/blogpost/post/a-look-at-metro-system-suicides-worldwide/2012/10/15/70a8c028-1681-11e2-9855-71f2b202721b_blog.html (abgerufen am

05.03.16)

Kramer, Bernd „*Subways (U-Bahn) und Busse in New York – Mit der New Yorker U-Bahn (Subway)*

fahren." Unter: http://www.usa-reisetipps.net/new-york-city/u-bahn-bus (abgerufen am 18.02.16)

Larry Littlefield: „*Saying the Unsaid in New York*" unter:

https://larrylittlefield.wordpress.com/2014/02/17/metro-new-york-transit-finance-an-analysis-of-data-from-the-national-transit-database-for-2012/ (abgerufen am 08.03.16)

Otis, Ginger Adams (28.04.15): „ *MTA is losing money and headed to financial disaster, despite*

attempts to find revenue" unter: http://www.nydailynews.com/new-york/mta-losing-money-headed-financial-ruin-article-1.2202720 (abgerufen am 07.03.16)

Pete Donohue, Keldy Ortiz, Larry Mcshane „*Subway rider get squeezed – literally – as trains are the*

*most crowded they've been in decades, and fares continue to ris*e" unter:

http://www.nydailynews.com/new-york/subway-cars-running-capacity-rush-hours-article-1.2161455

(abgerufen am 21.02.16)

Roger P. Roses, Gene Sansone: „*The Wheels That Drove New York*", Springer-Verlag Berlin,
Heidelberg, 2003.

Ryley Sarah, Donohue Pete (22.06.2014) „*EXCLUSIVE: Safest and riskiest Areas of New York's subway*

system revealed in Daily News investigation" unter: http://www.nydailynews.com/new-york/nyc-crime/daily-news-analysis-reveals-crime-rankings-city-subway-system-article-1.1836918 (abgerufen

am 03.03.16)

Shapiro, Allison (26.01.2016) „*Can We Use Data to Stop Deadly Car Crashes?*" unter:

http://www.psmag.com/politics-and-law/a-data-driven-approach-to-safe-driving (abgerufen am

06.03.16)   21

Shiavenza, Matt (16.11.2014) „*Why Doesn't New York City's Subway Have Protective Barriers?*" unter:

http://www.theatlantic.com/national/archive/2014/11/death-on-the-new-york-city-

subway/382808/ (abgerufen am 05.03.16)